CATALOGUE

DES

HÉMIPTÈRES

DU

DÉPARTEMENT DE LA MOSELLE

Par AD. BELLEVOYE

Graveur à Metz,
Agrégé de l'Académie impériale de Metz, Membre de la Société Entomologique de France, de la Société d'Histoire naturelle du département de la Moselle, etc.
Un des Conservateurs du Muséum d'Histoire naturelle.

Extrait du 10e Bulletin de la Société d'Histoire Naturelle du département de la Moselle

METZ

J. VERRONNAIS, IMPRIMEUR DE LA SOCIÉTÉ D'HISTOIRE NATURELLE

1866

CATALOGUE

DES

HÉMIPTÈRES

DU

DÉPARTEMENT DE LA MOSELLE

Par AD. BELLEVOYE

Graveur à Metz,
Agrégé de l'Académie impériale de Metz, Membre de la Société Entomologique de France, de la Société d'Histoire naturelle du département de la Moselle, etc.
Aide des Conservateurs du Muséum d'Histoire naturelle.

Extrait du 10e Bulletin de la Société d'Histoire Naturelle du département de la Moselle

METZ

J. VERRONNAIS, IMPRIMEUR DE LA SOCIÉTÉ D'HISTOIRE NATURELLE

1866

CATALOGUE

DES HÉMIPTÈRES

DU DÉPARTEMENT DE LA MOSELLE.

Depuis longtemps l'ordre des Coléoptères a été l'objet des recherches de la plupart des personnes qui se sont occupées d'entomologie dans notre département, et nous possédons un catalogue des espèces de cet ordre, publié en 1846, dans les Mémoires de notre Société, par notre collègue et ami M. Géhin ; quoique d'assez nombreuses découvertes aient été faites dans nos environs depuis cette publication, et que la classification ait reçue d'importantes modifications, j'aime à me reporter à l'époque où ce travail et son auteur me servaient de seul guide. Aussi, lorsque je présente à la Société d'histoire naturelle de la Moselle un petit travail analogue sur l'ordre des hémiptères, faisant suite au catalogue des coléoptères, il est naturel que j'offre ici à M. Géhin mes témoignages de reconnaissance pour l'appui bienveillant qu'il m'a prêté au début, et les conseils éclairés qu'il n'a cessé de me prodiguer.

C'est en récoltant les coléoptères, dont je m'occupe plus particulièrement, qu'il m'est tombé entre les mains des représentants de l'ordre relativement peu nombreux des hémiptères ; comme je ne m'en suis pas occupé d'une manière spéciale, je n'ai pas la prétention de vous offrir un catalogue fort complet des espèces qui doivent se trouver dans notre département ; aussi ai-je joint aux espèces que j'y ai recueillies quelques espèces qui ont été trouvées à Nancy par M. Mathieu, professeur à l'École forestière, et qui s'occupe depuis de longues années de toutes les branches de l'entomologie ; Nancy est trop peu éloigné de nous, et trop dans les mêmes conditions géologiques et climatéologiques, pour que les espèces qui s'y trouvent ne se rencontrent pas à Metz ; la chaîne des Vosges existant dans notre département à Bitche, il est probable qu'on y rencontre une grande partie des espèces signalées sur les pins et les sapins dans le département des Vosges ; quelques-unes se rencontrent déjà sur les quelques plantations d'arbres verts, faites il y a une dizaine d'années sur nos collines, telles que la côte Saint-Quentin, à Plappeville et à Lessy, et sur les coteaux d'Ars et de Jussy. J'ai donc emprunté 25 à 30 espèces qui n'ont pas encore été trouvées dans la Moselle, et qui sont indiquées de la Meurthe et des Vosges, dans la *Zoologie de la Lorraine*, publiée en 1863, par M. Godron, doyen de la Faculté de Nancy. Depuis la publication de cet ouvrage, auquel j'ai fourni une partie des espèces citées parmi les hémiptères, un bon nombre de nouvelles espèces ont été recueillies aux environs de Metz. Ces espèces, ayant été déterminées avec une obligeance dont je ne saurais trop remercier M. le docteur Signoret, qui a publié de nombreux travaux sur les hémiptères, je les offre au Cabinet d'histoire naturelle de la ville de Metz, afin qu'elles puissent servir de types aux entomologistes qui commencent à s'occuper d'hémiptères. Je ne possède presque rien cependant dans les familles des Coccidæ et Aphididæ ; j'ai dû mentionner les espèces d'après les observations de M. Géhin, consignées en partie dans ses notes pour servir à l'histoire des insectes nuisibles à l'agriculture.

En terminant, je dois aussi offrir mes sincères remerciements à MM. F. de Saulcy, Warion, Gaillot, Fridrici et Guillemard, qui m'ont gratifié d'espèces que je n'ai pas rencontrées moi-même, et ont ainsi contribué à augmenter la collection de notre ville.

ORDRE DES HÉMIPTÈRES

(HEMIPTERA) tiré des 2 mots grecs : ἥμισυς *(demi)* πτερόν *(aile)*.

Caractères : *Ailes membraneuses à nervures nombreuses ; antérieures souvent d'apparence cornée dans leur première moitié ; bouche composée de pièces soudées entr'elles de manière à constituer un suçoir ; mandibules, mâchoires, remplacées par une gaine renfermant quatre soies grêles.*

Les hémiptères, connus sous les noms vulgaires de punaises de jardins, de cigales, de pucerons, vivent généralement du suc des végétaux ; quelques espèces cependant sucent les parties fluides d'autres insectes, et une espèce malheureusement trop répandue attaque l'homme ; certaines espèces vivent en société sur les plantes, d'autres sous les écorces ; enfin d'autres sont aquatiques, et vivent les unes à la surface des eaux sur laquelle elles marchent avec facilité à l'aide des grandes pattes dont elles sont pourvues, tandis que les autres vivent au fond de l'eau.

Les hémiptères n'ont pas de métamorphoses complètes ; en général ils déposent leurs œufs par petites plaques, ces œufs offrent une sorte de petit couvercle que le jeune hémiptère soulève quand il est éclos, et les larves qui en sortent ne diffèrent pas beaucoup de l'insecte parfait ; les ocelles et les tarses sont seulement rudimentaires ainsi que les ailes quand elles existent ; l'animal grandit, et après trois ou quatre mues il se transforme et arrive à l'état parfait, sans éprouver de repos comme cela a lieu pour les nymphes des coléoptères et les chrysalides chez les lépidoptères.

Beaucoup d'espèces exhalent une odeur fétide particulière qui se communique aux fruits qu'elles ont touchés ; cette odeur provient d'un liquide que les hémiptères lancent par un orifice situé sur les côtés du corselet ; c'est la seule défense que quelques espèces puissent opposer à leurs ennemis. Ce liquide est préparé par un appareil de sécrétion qui consiste en une bourse assez grande placée à la base de l'abdomen et dont l'insertion a lieu dans la région pectorale. On a constaté l'existence de l'appareil sécréteur dans des espèces qui ne répandent pas d'odeur appréciable.

Les hémiptères sont généralement de taille moyenne : cependant il y en a un certain nombre d'une très-petite taille. Leurs formes sont très-variables ; tandis que quelques-uns sont oblongs ou même presque ronds, les autres sont très-allongés et étroits avec de très-grandes pattes. Quelques espèces sont ornées des plus jolies couleurs avec des dessins sur le corselet et les élytres.

Parmi les hémiptères, quelques-unes de nos espèces de *Kermès* étaient utilisées dans l'industrie de la teinture ; on en a aussi employé en médecine pour la composition d'un sirop cordial. Les kermès ont été remplacés par la cochenille du Nopal (*Coccus cactii* L.), originaire du Mexique, qui donne une belle couleur pourpre en teinture et fournit le carmin aux peintres. Cette espèce a été cultivée depuis en Algérie, en Espagne, etc. ; c'est probablement elle qui se rencontre quelquefois dans nos serres sur les *cactus*.

Toutes les espèces aquatiques sont très-carnassières ; elles dévorent d'autres insectes et des larves habitant les mêmes mares, elles se dévorent même entr'elles ; presque toujours leurs pattes postérieures sont grandes, ce qui les a fait nommer punaises à avirons ; une espèce, le *Notonecte*, nage sur le dos, sa piqûre est très-douloureuse. La petite famille des *Hydrometridæ* comprend les espèces qui courent après leur proie à la surface des eaux, sur laquelle ils semblent glisser à l'aide de leurs grandes pattes, le dessous des tarses ainsi que leur corps sont revêtus de poils courts et serrés qui les empêchent de se mouiller. Les *Nepidæ* vivent au fond des mares ; elles marchent, mais ne nagent pas ; elles ont un appareil respiratoire particulier qui consiste en une espèce de syphon placé à l'abdomen.

Tout le monde ne connaît que trop la punaise des lits (*Acanthia lectularia* L.), qui attaque l'homme et se nourrit de son sang ; sa piqûre produit des taches blanches qui deviennent rouges peu de temps après. Pendant le jour elle se cache dans les lieux sombres, les boiseries, d'où elle ne sort que la nuit ; elle se multiplie avec abondance dans les habitations malpropres, surtout celles qui sont exposées au soleil. On emploie la poudre de la Pyrèthre du Caucase (ou poudre Persane), pour combattre la multiplication de cette espèce. La famille des *Reduvidæ* se compose aussi d'insectes carnassiers dont l'espèce la plus connue est le *Reduvius personatus*, qui vole dans nos appartements dans les soirées chaudes de l'été ; il attaque la punaise des lits, mais sa piqûre est aussi très-douloureuse pour l'homme.

La majeure partie des hémiptères est nuisible à l'agriculture ; les uns vivent sur les céréales, d'autres sur les plantes potagères et fourragères, d'autres enfin sur les arbres fruitiers et forestiers, et y occasionnent des dégâts de natures diverses. Quelques-uns présentent des particularités que je ne puis passer sous silence. Tout le monde a entendu parler du chant rauque et peu agréable de la cigale ; mais elle est extrêmement rare dans notre pays, puisqu'à notre connaissance une seule aurait été prise dans les environs de Nancy ; elle est assez commune dans le midi de la France, où on en rencontre plusieurs espèces. Les femelles ont une tarière à l'abdomen qui leur sert à entamer les branches d'arbres pour y déposer leurs œufs ; les mâles possèdent de chaque côté de l'abdomen, près de la poitrine, un appareil de stridulation consistant en deux cavités recouvertes par une plaque cartilagineuse ; ces cavités sont séparées par plusieurs membranes plissées, dont l'une est appelée timbale ; des muscles qui sont attachés à ces membranes, se contractant et se dilatant avec force et rapidité, frappent sur les timbales et produisent ces sons pénétrants que l'on a nommé un chant.

Enfin tout le monde connait les pucerons (*Aphis* L.) qui vivent aux dépens des végétaux sur lesquels ils passent leur existence en parasites, en suçant continuellement leur sève, ce qui occasionne des excroissances qui finissent par amener la perte des végétaux qui en sont infestés. La multiplication des pucerons est d'ailleurs prodigieuse ; en moyenne un puceron donnerait chaque année naissance à un quintillon d'individus ; heureusement la Providence, dans sa sage prévoyance, leur a créé de nombreux ennemis ; tels sont les hémérobes, les coccinelles à l'état de larves ainsi qu'à l'état parfait ; les fourmis qui les emportent dans leurs nids pour en sucer la matière sucrée qui sort des deux petits tubes placés à leur abdomen ; il y a bien d'autres ennemis parmi les hyménoptères, les diptères, etc., qui empêchent le nombre des pucerons de s'augmenter outre mesure. Si la fécondité des pucerons est prodigieuse, leur mode de reproduction ne l'est pas moins ; en effet, d'après les observations de naturalistes distingués, les mâles et les femelles s'accoupleraient en automne, et les œufs pondus par les femelles fécondées donneraient naissance au printemps à une première génération composée de femelles qui, sans accouplement, au lieu de pondre des œufs, produiraient des petits vivants ; cette seconde génération donnerait naissance à une troisième également composée de femelles, et ce fait se renouvellerait dix fois dans l'année ; ce ne serait que la onzième génération qui produirait des femelles et des mâles qui, s'accouplant alors, donneraient de nouveau des œufs pour le printemps suivant. M. Balbiani vient de communiquer à la Société entomologique de France *, un travail contenant un grand nombre de remarques relativement à la reproduction des pucerons ; cet entomologiste démontre l'hermaphrodisme de ces hémiptères vivipares (c'était l'opinion admise par Réaumur), et décrit avec soin leurs organes reproducteurs des deux sexes ; la question est donc expliquée aujourd'hui grâce à ces nouvelles observations.

On le voit, l'ordre des Hémiptères présente à l'entomologiste bien des sujets d'observations ; il est regrettable que la Faune française de cette famille, dont notre savant entomologiste lyonnais, M. Mulsant, vient de commencer la publication, soit loin de toucher à son terme ; si comme en Allemagne, nous étions assez heureux pour posséder des ouvrages spéciaux et terminés sur les espèces propres à notre pays, ce serait un puissant stimulant pour les amateurs de la province qui, n'ayant le plus souvent aucun guide, sont obligés de rechercher les descriptions isolées qui se trouvent dans de nombreux ouvrages qui sont rarement à leur portée, aussi la plupart abandonnent-ils les collections commencées.

L'ordre des *Hémiptères* forme deux divisions :

1° Hétéroptères ; 2° Homoptères.

* Séance du 9 août 1865

Première Division. HÉTÉROPTÈRES.

Caractères : *Bec naissant du front ; corselet plus grand que les deux autres segments du thorax ; élytres coriaces dans leur moitié antérieure et transparentes dans l'autre moitié.*

Première Section. GÉOCORES.

(Antennes découvertes, bec de quatre articles.)

1re *Famille*. MEGAPELTIDÆ Fieb.

Graphosoma Lap. lineatum Linné.

Sur les ombellifères de nos côteaux où il est assez commun.

Tetyra Fabr. Hottentotta Fabr.

Sur les graminées, quelquefois sous les pierres ; pas rare.

— var. nigra Geoffr.

Sur les graminées, plus rare que le type.

— Maura Linné.

Sur les graminées.

Podops Lap. inunctus Fabr.

Coteaux arides, sous les pierres.

Odontoscelis Lap. Fuliginosus Linné.

Mont Saint-Quentin ; rare. Trouvé à Rozérieulles deux individus dans deux nids de *Formica cæspitum*.

— var. dorsalis Fabr.

Thyreocoris Schrk. Scarabœoïdes Linné.
Sur les renoncules, assez rare.

Coptosoma Lap. globus Fabr.
Plappeville, Ars, en filochant dans les prairies ; assez commun.

Cyrtomenus Serv. flavicornis Fabr.
Plappeville, Ars ; assez rare.

— nigrita H. Schœf.
Plappeville, Ars ; rare.

Brachypelta Serv. aterrima Forst.
Coteaux arides, sous les pierres ; rare.

Schirus Serv. dubius Scop.
Coteaux arides ; assez rare.

— albomarginatus Fabr.
Lieux arides ; assez rare.

— biguttatus Linné.
Sur diverses plantes potagères ; assez commun.

— bicolor Linné.
Sur les pommiers et les poiriers (Géhin) ; commun.

Cydnus Fabr. morio Linné.
Nancy.

— tristis Fabr.
Coteaux arides ; rare.

Sciocoris Fall. umbrinus Wolff.
Coteaux arides, sous les pierres et en filochant.

— auritus Muls.
Saint-Quentin, Rozérieulles, Ars, sous les pierres et en filochant.

Ælia Fabr. acuminata Linné.
Vallée de Montvaux (Warion) ; rare.

— Klugii Hahn.
En secouant les arbres ; commun.

Æliodes Dohrn. inflexus Wolff.
Hettange, Rozérieulles ; assez rare.

Rubiconia Dohrn. intermedia Wolff.
Ars, Montvaux ; rare.

Eusarcoris Hahn. melanocephalus Fabr.
Sur le *Stachys Sylvaticus* ; commun.

— perlatus Fabr.
Sur le *Stachys Sylvaticus* ; rare.

— bipunctatus Linné.
Sur le *Stachys Sylvaticus* ; assez commun.

— leptorinus H. Schæf.
Assez commun.

Strachia Hahn. ornata Linné.
Sur les céréales ; assez rare.

— var. festiva Linné.
Sur les céréales ; plus rare.

— oleracea Linné.
Sur les choux, les plantes potagères ; commun.

Tropicoris Hahn. rufipes Linné.
Sur les arbres des jardins et des bois ; commun.

Pentatoma Latr. Verbasci Degin.
Sur les groseilliers, framboisiers ; trouvé une fois en nombre sur une espèce de chardon sur la côte de Rozérieulles.

— baccarum Linné.

— nigricornis Fabr.
Sur les groseilliers, framboisiers, les ronces, etc.

— lynx Fabr.
Montvaux ; un individu (Warion).

— vernalis Wolff.
Sur les viornes à Ars, Rozérieulles.

— sphacelata Fabr.
Sur les viornes à Montvaux ; assez rare.

— juniperina Linné.
Sur les genévriers ; rare à Metz.

— dissimilis Fabr. (prasina Degeer).
Très-commun sur les plantes potagères, les groseilliers, etc.

Rhaphigaster Lap. grisea Fabr.

Dans les bois ; rare.

— purpureïpennis Deg.

Sur les genêts à balais ; commun.

Acanthosoma Curtis. hæmorrhoïdale Linné.

Dans les bois, les jardins, sur les arbres ; rare.

— hæmatogaster Schrk.

Dans les bois, les jardins, sur les arbres ; rare.

— lituratum Fabr.

Dans les bois, les jardins, sur les arbres ; rare.

— griseum Linné.

Dans les bois, les jardins, sur les arbres ; ass. com.

— ferrugator Fabr.

Dans les bois, les jardins, sur les arbres ; ass. com.

Zicrona Serv. cærulea Linné.

Dans les jardins, les prairies ; assez rare.

Asopus Burm. punctatus Linné.

Dans les jardins, les prairies ; rare.

Arma Hahn. custos Fabr.

Rozérieulles, Plappeville, Montvaux, sur les buissons ; assez rare.

Picromerus Serv. bidens Linné.

Rozérieulles, Plappeville, Montvaux, sur les buissons ; assez rare.

Jalla Hahn. dumosa Linné.

Trouvé une fois par M. Mathieu sur les collines calcaires et chaudes de Nancy.

2e *Famille*. COREIDÆ.

Syromastes Latr. marginatus Linné.

Sur les ronces, sur les haies ; très-commun.

Coreus Fabr. scapha Fabr.

Sablon, Noisseville ; assez rare.

Phyllomorpha Lap. laciniata Vill.
Epinal ; rare.

Verlusia Spinol. rhombea Linné.
Epinal ; assez rare.

Gonocerus Latr. venator Fabr.
Ars, Montvaux ; assez commun sur les buissons.

— insidiator Fabr.
Nancy.

Ceraleptus Costa. squalidus Costa.
Metz, un individu.

Dasycoris Dall. denticulatus Scop.
Plappeville, Rozérieulles, etc. ; commun sur nos coteaux.

Arenocoris Hahn. nubilus Fall.
Sous les pierres, au pied des plantes de nos coteaux.

Falleni Schill.
Au pied des genêts, Nancy (M. Mathieu)

— Waltli H. Sch.
Plappeville, sous les pierres

Spathocera Stein Dalmani Schill.
Nancy (M. Mathieu)

Therapha Serv. Hyoscyani Linné.
Sur la jusquiame ; assez commun

Myrmus Hahn. miriformis Fall.
Vosges.

Corizus Fall. Abutilon Rossi.
Hettange, Plappeville ; assez rare.

— crassicornis Linné.
Ars ; rare.

— capitatus Fabr.
Sur le géranium herbe à Robert ; commun.

Corizus Fall. parumpunctatus Schill.

Montvaux, Ars ; assez commun.

Stenocephalus Latr. agilis Scop.

Côte Saint-Quentin, Rozérieulles ; commun sur les euphorbes.

Alydus Fabr. calcaratus Linné.

Côte Saint-Quentin, Plappeville ; assez commun sur le genêt tinctorial, quelquefois sur les euphorbes.

3e *Famille.* BERYTIDÆ.

Neïdes Latr. tipularius Linné.

Noisseville, Norroy-le-Sec, au pied des plantes ; assez rare.

Berytus Fabr. clavipes Fabr.

Côte Saint-Quentin, Lorry, au pied des herbes ; assez commun.

— crassipes H.-Sch.

Grange-aux-Ormes, bois de Borny, au pied des herbes ; assez rare.

Metacanthus Cost. punctipes Germ.

Côte Saint-Quentin, sous une pierre ; rare.

4e *Famille.* LYGÆIDÆ.

Pyrrhocoris Fall. apterus Linné.

Metz, après les murs voisins des jardins, sur les vieux troncs d'arbres ; commun.

Lygæus Fabr. militaris Fabr.

Nancy (M. Mathieu).

— equestris Linné.

Côte Saint-Quentin, en société sur le tronc des arbres ; commun.

Lygæus Fabr. venustus Linné (familiaris Fabr.).
Metz ; rare.

— saxatilis Scop.
Coteaux de nos environs, sur toutes les plantes ; très-commun.

— punctum Fabr.
Nancy ; rare.

Arocatus Spin. melanocephalus Fabr.
Metz, Nancy ; rare.

Phygadicus Fieb. Urticæ Fabr.
Sur les orties ; très-commun.

— Salviæ Schill.
Assez rare.

Nysius Dall. Ericæ Schill.
Metz ; rare.

— Senecionis Schill.
Vosges, Metz, rare.

— obsoletus Fieb.
Vosges.

Platygaster Schill. ferruginea Linné.
Plappeville, Lessy, Colombey, sur les arbres verts ; commun.

Beosus Amyot. luscus Fabr.
Borny, sous les feuilles mortes ; assez rare.

— sphragidimium Amyot.
Écorce des vieux arbres, Nancy (M. Mathieu).

Aphanus Lap. rusticus Fall.
Côte Saint-Quentin ; assez rare.

— sabulosus Schill.
Côte Saint-Quentin ; assez rare.

— rufipes Wolff.
Plappeville, Rozérieulles ; commun.

Pterotmetus Amyot. staphylinoïdes Burn.
Trouvé une fois sur le mont St-Quentin (Warion).

— hemipterus Schill.
Borny ; très-rare.

Pterotmetus Amyot. antennatus Schill.

Borny, Woippy ; assez rare.

— præxtextatus H.-Sch.

Borny, Grange-aux-Ormes ; assez rare.

— brevipennis Latr.

Plappeville, Lorry, Borny, sous les écorces ; assez commun.

Polyacanthus Amyot. Echii Panz.

Ars, Lorry, sur la vipérine ; rare.

Rhyparochromus Curt. Rolandri Linné.

Borny, Woippy, sous les feuilles mortes ; assez commun.

— marginepunctatus Wolff.

Côte Saint-Quentin, sous les pierres ; assez rare.

— lynceus Fabr.

Côte Saint-Quentin, Plappeville.

— Pini Linné.

Côte Saint-Quentin, plantations de pins sylvestre ; assez commun.

— vulgaris Schill.

Côte Saint-Quentin, plantations de pins sylvestre ; assez commun.

— quadratus Fabr.

Côte Saint-Quentin ; rare (Warion).

— pedestris Panz.

Dans les bois ; très-commun sous les feuilles

— luniger Schill.

Dans les bois ; très-commun sous les feuilles.

— nebulosus Fall.

Côte Saint-Quentin ; commun sous les pierres.

— chiragra Fall.

Côte Saint-Quentin , très-commun.

— obscurus Muls.

Hettange.

— silvaticus Fabr.

Basse-Montigny, sous les Saules : rare.

Rhyparochromus Curt. brunneus Sahlb.
Grange-aux-*Ormes*, sous les feuilles mortes ; assez commun.

— pictus Schill.
Borny, Woippy ; commun.

— affinis Schill.
Borny ; assez rare.

— contractus H.-Sch.
Borny, Montvaux ; assez commun.

— nervosus Fieb.
Woippy ; rare.

— spinigerellus Bohem.
Borny ; assez commun.

Cymus Hahn. Resedae Panz.
Borny, Grange-aux-*Ormes*, en tamisant ; assez rare.

claviculus Fall.
Borny, Woippy, en tamisant ; commun.

5e *Famille*. ANTHOCORIDÆ.

Anthocoris Fall. nemorum Linné.
En battant les haies ; très-commun.

— limbatus ? Fieb.
En battant les haies

— nemoralis ? Fabr.

Lyctocoris Hahn. domesticus Schill.
En battant les haies ; très-commun.

Piezostethus Fieb. galactinus Fieb.
Rozérieulles, avec la *Formica caespitus* ; rare.

— bicolor Scholtz.
Bitche.

— rufipennis Duf.
Longwy, Borny, sous les écorces de chêne abattu ; assez commun.

Triphleps Fieb. minutus Linné.
En battant les haies, les arbres ; commun.

— niger Wolff.
En battant les haies, les arbres ; assez rare.

6e *Famille*. CAPSIDÆ.

Monalocoris Dahlb. Filicis Linné.
Sarreguemines, Vosges.

Bryocoris Fall. Pteridis Fall.
Vosges.

Myrmecoris Gorsk. Holsatus Fabr.
Hettange, prairies en fleurs ; assez rare.

— lœvigatus Linné.
Hettange, prairies en fleurs ; très-commun.

Brachystira Fieb. calcarata Fall.
Vosges.

Notostira Fieb. erratica Linné.
Prairies ; très-commun.

Lobostethus Fieb. virens Linné.
Prairies ; très-commun.

Acetropis Fieb. carinata H.-Sch.
Vosges.

Leptopterna Fieb. dolobrata Linné.
Prairies ; très-commun.

Cremnodes Fieb. umbratilis Fabr.
Bitche, Vosges, sur les arbres verts.

Oncognathus Fieb. binotatus Fabr.
Ars, prairies en fleurs ; assez rare.

Camptobrochis Fieb. punctulatus Fall.
Ars, prairies en fleurs ; assez rare.

Conometopus Fieb. tunicatus Fabr.
Montvaux ; rare (Warion).

Homodemus Fieb. roseomaculatus Deg.

Dans les prairies ; assez rare.

— marginellus Fabr.

Dans les prairies ; commun.

Calocoris Fieb. Chenopodii Fall.

Sur les trèfles ; très-commun.

— seticornis Fabr.

Ars, Rozérieulles ; assez commun.

— sexguttatus Fabr.

Montvaux ; rare (Warion).

— fulvomaculatus Fall.

Plappeville, Rozérieulles, Woippy, en secouant les coudriers ; assez commun.

— striatellus Fabr.

Rozérieulles, en secouant les chênes ; assez commun.

Phytocoris Fall. Tiliæ Fabr.

En secouant les tilleuls ; assez rare.

— Populi Linné.

Sur les peupliers, les trembles ; commun.

— Ulmi Fabr.

Sur les prunelliers ; commun.

Closterotomus Fieb. bifasciatus Fabr.

Ars, Rozérieulles ; rare.

Pycnopterna Fieb. striata Fabr.

En secouant les haies, les arbres dans les bois ; commun.

Rhopalotomus Fieb. ater Linné.

En battant les arbrisseaux, en filochant ; commun sur les poiriers (Géhin).

— var. flavicollis Fabr.

En battant les arbrisseaux ; plus rare que le type.

Capsus Fabr. trifasciatus Linné.

Hettange, dans un pré de marguerites ; M. Warion l'a trouvé plusieurs fois à Montvaux sur le troène en fleurs.

— olivaceus Fabr.

Ars.

Capsus Fabr. tricolor Fabr.

Sur les haies, dans les prairies, les bois, commun sur diverses plantes ; sur les poiriers (Géhin).

— cordiger Hahn.

Vosges.

Lopus Hahn. gothicus Fabr.

Sur les orties ; assez rare

— albostriatus Klug.

Vosges.

Camptoneura Fieb. virgula H.-Sch.

Goetzenbruck.

Liocoris Fieb. tripustulatus Fabr.

En fauchant sur diverses plantes ; assez commun.

Charagochilus Fieb. Gyllenhali Fall.

Vallée de Mance ; assez rare.

Tylonotus Fieb. rugicollis Fall.

Longeville, Woippy, sur les saules ; commun

Lygus Hahn. pabulinus Linné.

Ars, Rozérieulles, en battant les arbres ; commun.

— campestris Linné.

Ars, Rozérieulles, en battant les arbres ; commun.

— pratensis Fabr.

Hettange, en battant les arbres ; assez rare.

— limbatus Fall.

Woippy.

— lucorum Meyer.

Hettange, Plappeville ; commun.

— rubricatus Fall.

Woippy.

Pœciloscytus Fieb. unifasciatus Fabr.

Ars, dans les prairies ; assez rare.

Hadrodema Fieb. pinastri Fall.

Vosges.

Orthops Fieb. Pastinacæ Fabr.

Vosges.

— Kalmii Linné.

Vosges.

Strongylocoris Costa. leucocephalus Linné.

Rozérieulles ; assez rare.

Halticus Burn. pallicornis Linné.

Plappeville.

— luteicollis Panz.

Ars, sur la briome dioique.

Cyllecoris Hahn. histrionicus Linné.

Woippy, Rozérieulles, en battant les chênes ; commun.

Globiceps Latr. flavomaculatus Fabr.

Ars, Plappeville ; commun.

— flavonotatus Bohem.

Montvaux ; assez commun.

— Wettringii ? Stal.

Woippy ; rare.

Heterotoma Latr. merioptera Scop.

Plappeville ; assez rare.

Heterocordylus Fieb. pulverulentus? Klug.

Plappeville, sur le genêt tinctorial ; commun.

Pachytoma Costa. minor Costa.

Vosges.

Orthocephalus Fieb. mutabilis Fall.

Woippy, sur le genêt à balais ; commun.

— saltator Hahn.

Hettange, Plappeville, sur le genêt tinctorial ; com.

Atractotomus Fieb. Mali Meyer.

Ars, Plappeville, sur les sapins ; commun.

— magnicornis Fall.

Sur les poiriers (Géhin).

Harpocera Curtis. thoracica Fall.

En battant les arbrisseaux ; rare.

Criocoris Fieb. crassicornis Hahn.

Lessy, sur les arbres verts ; commun.

Plagiognathus Fieb. arbustorum Fabr.

Ars, Plappeville, en battant les haies ; commun.

— viridulus Fabr.

Ars, Plappeville, dans les prairies ; commun.

Apocremnus Fieb. ambignus Fall.
Plappeville ; commun.

— variabilis Fall.
Plappeville, sur les prunelliers ; très-commun.

Agalliastes Fieb. saltitans Fall.
Presque toute l'année sur diverses espèces de sedum placées sur ma terrasse ; les larves se sont montrées au commencement de septembre.

— evanescens Bohem.

— Verbasci H.-Sch.
Rozérieulles.

Philophorus Hahn. clavatus Fabr.
Plappeville, Woippy ; rare.

— sphegiformis Rossi.
Ars, Hettange, en secouant les chênes ; assez commun.

Phylus Hahn. melanocephalus Fabr.
En battant les églantiers sauvages ; commun.

— Coryli Fabr.
En battant les coudriers ; très-commun.

— Avellanæ Meyer.
En battant les coudriers ; très-commun. Ces deux espèces doivent sans doute être réunies.

Hoplomachus Fieb. Thunbergi Fall.
Sur la grande marguerite, Hettange, Plappeville ; assez rare.

— bilineatus Fall.
Sur les genêts, Plappeville.

Macrocoleus Fieb. aurantiacus Fieb.
Hettange, Rozérieulles, sur la luzerne ; assez commun.

— Paykulii Fall.
Ars, Longeville, sur les saules ; assez commun.

Systellonotus Fieb. triguttatus Linné.
Hettange ; rare.

Brachycerœa Fieb. annulata Wolff.
Sur un pied de tabac, en pot.

Brachyceræa Fieb. geniculata Fieb.
Vosges.

Dicyphus Fieb. pallidus H. Sch.
Plappeville, en battant une haie ; rare.

7e *Famille.* TINGIDÆ.

Zosmenus Lap. quadratus Fieb.
Bois de Woippy, Borny, en tamisant la mousse.

— capitatus Wolff.
Lorry, au pied des herbes ; rare.

Cantacader Serv. quadricornis Serv.
Dans la mousse ; un individu.

Orthosteira Fieb. cassidea Fall.
Dans la mousse ; assez rare.

— pusilla Fall.
Borny, dans la mousse, pris plusieurs fois en assez grand nombre avec la *Formica cæspitum*.

— melanocephala ? Fieb.

Phyllonthocheila Fieb ? capucina Germ.
Saint-Quentin, sous les pierres ; assez rare.

Monanthia Serv. cardui Linné.
Sur les chardons ; commun.

— angusticollis H. Sch.
Borny, dans la mousse.

— humuli Fabr.
Borny, dans la mousse.

— Wolffii Fieb.
Sur la vipérine ; commun.

Physantocheila Fieb. simplex H. Sch.
Côte Saint-Quentin, sous les pierres ; rare.

— dumetorum H. Sch.
Plappeville, Ars, en secouant les arbres verts ; assez commun.

Dictyonota Curtis. crassicornis Fieb.
Côte Saint-Quentin, sur la terre, au pied de diverses plantes.

Laccometopus Fieb. clavicornis Linné.

Côte Saint-Quentin, sous une pierre ; rare.

Tingis Fabr. Piri Geoffr.

Sur les poiriers (M. Géhin).

— spinifrons Fall.

En battant des arbres, Lessy (M. Warion).

8e *Famille*. ARADIDÆ.

Aneurus Curt. lævis Fabr.

Vosges.

Aradus Fabr. corticalis Linné.

Sous les écorces d'un poirier malade.

— mezagus Amyot.

Hettange, un individu sous l'écorce d'une souche de chêne.

— depressus Fabr.

Sous les écorces des chênes.

— cinnamomeus Panz.

9e *Famille*. ACANTHIIDÆ.

Acanthia Fabr. lectularia Linné.

Dans les boiseries de nos habitations exposées au soleil.

10e *Famille*. PHYMATIDÆ.

Syrtis Fabr. crassipes Fabr.

Ars, Rozérieulles, Plappeville, sur les coudriers, les arbres verts ; assez commun.

11e *Famille*. REDUVIDÆ.

Ploiaria Scop. vagabunda Linné.

Trouvé plusieurs fois derrière de vieux cadres, et un individu en secouant des sapins à Vaux.

Pirates Burm. striduIus Fabr.

Côte Saint-Quentin, sous une pierre ; rare.

Prostemma Lap. guttula Fabr. (brachelytrum Duf.).

Côte Saint-Quentin, Ancy, sous les pierres ; assez rare.

— lucidulum Spin. (staphylinus Duf.).

Nancy ; rare.

Nabis Latr. ferus Linné.

En filochant sur diverses plantes ; commun.

— vagans Fabr.

En filochant sur diverses plantes ; commun.

— apterus Fabr.

Rozérieulles, mont Saint-Quentin.

Reduvius Fabr. personnatus Linné.

Vole dans les habitations pendant les soirées chaudes de l'été.

Harpactor Lap. cruentus Fabr.

Nancy (M. Mathieu).

— annulatus Fabr.

Côte Saint-Quentin, Montvaux ; rare.

— hæmorrhoidalis Fabr.

Nancy (M. Mathieu).

Colliocoris Hahn. pedestris Wolff. (subapterus Deg.).

Côte Saint-Quentin ; assez commun.

Pygolampis Germ. pallipes Fabr.

Nancy (M. Mathieu).

12e *Famille*. SALDIDÆ.

Leptopus Latr. litoralis Latr.

Bords de la Moselle, vole sur le sable de pierre en pierre.

Salda Fabr. saltatoria Linné.

Bords de la Moselle.

— pallipes Fabr.

Bords de la Moselle, ruisseau de la vallée de Montvaux.

Salda Fabr. littoralis Linné.
Bords de la Moselle.

— geminata Costa.
Bords d'un petit ruisseau à Rozérieulles.

13e *Famille.* HYDROMETRIDÆ.

Hydrometra Fabr. aptera Schm.
Nage à la surface des eaux ; assez rare.

— paludum Fabr.
Nage à la surface des eaux ; commun.

— lacustris Linné.
Nage à la surface des eaux ; commun.

Velia Latr. rivulorum Fabr.
A la surface des marais, où ils vivent en société ; commun.

— curreus Fabr.
A la surface des marais ; plus rare à Metz.

Limnobates Burm. stagnorum Linné.
Dans les herbes, au bord des ruisseaux et des marais ; quelquefois on en trouve en grand nombre sous une même pierre.

Deuxième Section. HYDROCORES.

(Antennes cachées, insectes aquatiques.)

14e *Famille.* PELOGONIDÆ.

Espèce méridionale.

15e *Famille.* NAUCORIDÆ.

Aphelochira Westw. æstivalis Fabr.
Trouvé par M. Fridrici dans un petit ruisseau près de Bouzonville.

Naucoris Geoffr. cimicoides Linné.
Commun dans les mares.

16ᵉ *Famille*. NEPIDÆ.

Nepa Linné cinerea Linné.
Commun au fond des eaux stagnantes, parmi les plantes aquatiques.

Ranatra Fabr. linearis Linné.
Assez commun dans les eaux stagnantes.

17ᵉ *Famille*. NOTONECTIDÆ.

Notonecta Linné glauca Linné.
Commun dans les mares, où ils nagent sur le dos.

— var. furcata Fabr.
Commun dans les mares, où ils nagent sur le dos.

Ploa Fabr. minutissima Fabr.
Commun dans les mares.

18ᵉ *Famille*. CORISIDÆ.

Corisa Geoffr. Geoffroyi Leach.
Dans les mares ; commun.

— Panzeri Fieb.
Dans les mares ; assez rare.

— striata Linné.
Dans les mares.

— coleoptrata Fabr.
Dans les mares, Epinal.

Deuxième Division. HOMOPTÈRES.

Caractères : *Bec naissant à la partie inférieure de la tête; corselet plus court que les deux autres segments du thorax ; élytres habituellement transparentes dans toute leur étendue.*

1re Section. AUCHÉNORHYNQUES.

(Bec naissant du menton et non du sternum.)

1re *Famille.* CICADIDÆ.

Cicada Linné. hæmatodes Oliv.

Pris une seule fois à Nancy par M. Mathieu.

2e *Famille.* FULGORIDÆ.

Cixius Latr. nervosus Linné.

En secouant les arbres ; assez commun.

— musivus Germ.

En secouant les arbres ; commun.

Asiraca Latr. clavicornis Fabr.

Borny, côte Saint-Quentin ; rare.

Delphax Fabr. marginata Fabr.

Borny, sur diverses plantes au bord d'une mare ; Vaux, dans la mousse ; assez commun.

— flavescens Fabr.

Borny, sur diverses plantes au bord d'une mare ; Vaux, dans la mousse ; assez commun.

— striatella Fall.

Borny, dans la mousse ; rare.

— lineata Perris.

Plappeville, en battant des haies ; rare.

Issus Fabr. coleoptratus Fabr.
En secouant les arbres dans les bois ; commun.

3e *Famille*. TETTIGOMETRIDÆ.

Tettigometra Latr. virescens Latr. (viridis Panz).
Plappeville, en secouant les peupliers, les prunelliers ; assez commun.

— var. obliqua Panz.
Plappeville, en secouant les peupliers, les prunelliers ; assez rare.

— Læta H. Schæf.
Un seul individu

4e *Famille*. MEMBRACIDÆ.

Gargara Am. et Serv. Genistæ Fabr.
Sur les genêts, dans les bois ; assez commun

5e *Famille*. CENTROTIDÆ.

Centrotus Fabr. cornutus Linné.
Sur les fougères, sur les chênes dans les bois ; commun.

6e *Famille*. ULOPIDÆ.

Ulopa Fall. obtecta Fall.
Sur la bruyère ; commun. Je l'ai trouvé aussi sur le sommet de la côte Saint-Quentin sur la terre entre les herbes, où il n'existe pas de bruyères.

— Trivia Germ.
Côte Saint-Quentin ; rare.

7e *Famille*. CERCOPIDÆ.

Triecphora Am. et Serv. sanguinolenta Linné.
Sur les orties ; commun.

— vulnerata Germ.
Nancy.

Aphrophora Germ. Alni Fall.
Sur les saules ; commun.

— spumaria Linné.
Sur les saules ; commun.

— salicina Duf.
Nancy ; rare (M. Mathieu).

Ces trois espèces n'en doivent peut-être former qu'une seule ?

Ptyelus Lep. et Serv. bifasciata Linné.
Rozérieulles, Plappeville, etc., en secouant les arbrisseaux et les haies ; très-commun.

— var. lineatum Fabr.
Rozérieulles, Plappeville, etc., assez rare.

— var. marginella Fabr.
Rozérieulles, Plappeville, etc.

— var. Leucocephala Fabr.
Rozérieulles, Plappeville, etc.

— exlamationis Thumb.
Vosges.

Lepyronia Am. et Serv. coleoptrata Linné.
Sur les saules ; rare.

8e *Famille*. TETTIGONIDÆ.

Tettigonia Geoffr. viridis Fabr.
Sur différentes plantes ; commun.

Evacanthus Lep. et Serv. interruptus Linné.
Dans les prés, sur les saules ; commun.

Aglena Am. et Serv. tristriata Tigny.
Nancy ; rare (M. Mathieu).

Ledra Fabr. aurita Linné.
Woippy, sur les chênes ; rare.

Penthimia Germ. atra Fabr.

Peltre, Hettange, sur les jeunes chênes, dans les bois ; rare.

var. thoracica Panz.

Peltre, Hettange, sur les jeunes chênes, dans les bois ; rare.

Paropia Germ. scanica Fall.

Plappeville ; rare.

Eupelix Germ. cuspidata Fabr.

Côte Saint-Quentin, Rozérieulles, Ancy, sous les pierres ; rare.

Acocephalus Germ. costatus Panz.

Sur les saules ; commun.

— rusticus Fabr.

Rozérieulles, sur des saules au bord d'un ruisseau ; assez commun.

— albifrons Linné.

Rozérieulles, sur des saules au bord d'un ruisseau ; commun.

Pholetera Zetterst. dispar Linné.

Au bord des ruisseaux, des marais, au pied des plantes.

Bythroscopus Germ. varius Fabr.

Hettange, en secouant les arbres, assez rare.

— lituratus Fabr.

Longeville, Plappeville, sur les saules ; assez com.

— crenatus Germ.

Plappeville, en secouant les arbres ; assez rare.

— scurea Germ.

Plappeville, en secouant les arbres ; assez rare.

— larvatus H. Sch.

Plappeville, Ars, sur les prunelliers ; commun.

— venosus Germ.

Côte Saint-Quentin, Jouy, Borny, etc., sur la terre, dans les herbes ; très-commun.

— puncticeps Germ.

Côte Saint-Quentin, Jouy, Borny, etc., sur la terre, dans les herbes ; rare. Peut-être variété du Venosus ?

Macropsis Lew. lanio Linné.

Plappeville, Montvaux ; rare.

Pediopsis Burm. pulchellus ? Curtis.

Plappeville, Montvaux ; rare.

— notatus Fabr.

Woippy, sur les saules de l'étang ; assez rare.

— virescens Fabr.

Plappeville, Longeville, sur les saules ; assez commun.

— ferrugineus ? Curtis.

Plappeville ; rare.

Asthysanus Zetterst. plebeja Fall.

Rozérieulles, Plappeville ; assez rare.

— histrionicus Fab.

Norroy-le-Sec (M. de Saulcy).

Nacia Amyot. chlorizans Walk.

Vosges.

Jassus Fabr. atomarius Fabr.

Plappeville ; assez rare.

— subfusculus Panz.

Woippy, Plappeville, en secouant les chênes ; commun.

— stupidula Zett.

Hettange.

— reticulata Thumb.

Woippy ; rare.

— punctifrons Fall.

Longeville, sur les saules, assez commun.

— ventralis Fall.

Un seul individu.

— virescens Fall.

Sur les saules.

— quadripunctatus Fall.

Rozérieulles.

— quadrinotatus Panz.

Rozérieulles, Longeville : sur les saules.

Jassus Fabr. fruticola Fall.
Plappeville ; en battant les haies.

punctatus Fall.
Bitche.

Aphrodes Curtis. sabulicola Curtis.
Grange-aux-Ormes.

Deltocephalus Burm. ocellaris Fall.
Plappeville, Longeville ; assez commun.

— costatus Curtis.
Plappeville, côte Saint-Quentin ; commun.

— abdominalis Fall.
Norroy-le-Sec (F. de Saulcy).

Typhlocyba Germ. picta Fabr.
Bitche

— carpini Fourc.
Dans la mousse.

— aurata Linné.
Saint-Quentin, Fèves.

— vittata Linné.
Saint-Quentin.

— quercus H. Sch.
Bois de Woippy, dans la mousse.

fulgida Falc.
Sur les saules ; très-commun.

2e Section. STERNORHYNQUES.

(Bec paraissant naître du sternum, entre les pattes antérieures et les intermédiaires ou même en deçà.)

9e *Famille.* APHIDIDÆ.

Livia Latr. juncorum Latr.
Sur les joncs.

Psylla Geoffr. laricis Macq.
Sur les mélèzes.

Psylla Geoffr. alni Latr.
Sur les aulnes.

— abietis Fabr.
Sur les sapins.

— fraxini Fabr.
Sur les frênes.

— genistæ Latr.
Sur les genêts.

— pyri Fabr. / rubra Fourc. / pyrisuga F.
Sur les poiriers.

Aphis Linné quercus Linné.
Sur les chênes.

— roboris Latr.
Sur les chênes.

— populi Linné.
Sur les peupliers.

— salicis Linné.
Sur les saules.

— tilliæ Linné.
Sur les tilleuls.

— Fagi Latr.
Sur les hêtres.

— Pyri Koch.
Sur les poiriers.

— pruni Fabr.
Sur les mirabelliers, les couetschiers.

— Padi Latr.
Sur les pruniers.

— sorbi Kaltemb.
Sur les sorbiers des oiseaux.

— cratœgi Kaltemb.
Sur les aubépines.

— sambuci Latr.
Sur les sureaux.

Aphis Linné. rosæ Linné.
Sur les rosiers.

— ribis Linné.
Sur les groseilliers.

— sonchi Latr.
Sur le laitron.

— papaveris Fabr.
Sur les pavots.

— millefolii Fabr.
Sur l'achillée.

Schizoneura Hartig. laniger Tugg.
Sur les sorbiers, aliziers, l'aubépine.

Lachnus Illiger. pinus sylvestris Fabr.
Sur les pins sylvestres.

Rhizobius Burm. piloselle Burm.
Sur les racines des lierres

— pini Burm.
Sur les racines du pin vulgaire.

Phylloxera Boyer. ulmi D. Geer.
Sur les ormes.

Myzoxylus Blot. Mali Fabr.
Sur les pommiers.

Aleyrodes Latr. chelidoni Latr.
Sur la grande éclaire et sur les choux.

10e *Famille*. COCCIDÆ.

Orthesia Bosc. characias Oliv.
Sur les euphorbes characias et pilosa, les orties, les groseilliers, etc.

Coccus Linné cactii ? Linné.

— sylvestris ? Blanch.
Une espèce de Coccus se trouve sur les cactus dans nos serres, et se rapporte probablement à l'une de ces deux espèces.

Coccus Linné. adonidum Linné.
Dans nos serres, sur les coffea, justicia, musa, etc.

— Ulmi Latr.
Sur les ormes.

— farinosus Latr.
Sur les aulnes.

— mali Schank.
Sur les pommiers, poiriers et sur l'aubépine.

— phalaridis Latr.
Sur le chiendent.

Kermes Geoffroy. Ilicis Linné.
Sur les chênes verts (propre au midi de la France).

— variegatus Oliv.
Sur nos chênes.

— reniformis Latr.
Sur nos chênes.

— persicæ Schr.
Sur les poiriers et les pêchers.

— tiliæ Linné.
Sur les tilleuls.

— aceris Latr.
Sur les hêtres.

— coryli Linné.
Sur les coudriers.

— hesperidum Latr.
Sur les orangers dans les serres.

— vitis Latr.
Sur la vigne.

— abietis Latr.
Sur les sapins.

— linearis Latr.
Sur les sapins.

Aspidiotus Bouché. Nerii Bouché.
Sur les lauriers roses.

— lauri Bouché.
Sur les lauriers nobles.

Aspidiotus Bouché. rosae Bouché.

Sur la rose à cent feuilles.

— echinocacti Bouché.

Sur plusieurs échinoques.

— couchyformis Gmélin.

Sur les poiriers, pruniers, prunelliers.

RÉCAPITULATION DES ESPÈCES

HÉTÉROPTÈRES.

			Espèces.
1re	Famille.	*Megapeldidæ* ..	49
2e	—	*Coreidæ*......	20
3e	—	*Berytidæ*	4
4e	—	*Lygæïdæ*	44
5e	—	*Anthocoridæ* ..	9
6e	—	*Capsidæ*......	82
7e	—	*Tingidæ*.	16
8e	—	*Aradidæ*......	4
9e	—	*Acanthidæ*. ...	1
10e	—	*Phymatidæ* ...	1
11e	—	*Reduvidæ*.....	14
12e	—	*Saldidæ*......	5
13e	—	*Hydrometridæ* .	6
14e	—	*Pelogonidæ* ...	0
15e	—	*Naucoridæ*....	2
16e	—	*Nepidæ*.......	2
17e	—	*Notonectidæ*...	2
18e	—	*Corisidæ*......	4
		Total.....	265

HOMOPTÈRES.

			Espèces.
1re	Famille.	*Cicadidæ*	1
2e	—	*Fulgoridæ*	11
3e	—	*Tettigometridæ*.	3
4e	—	*Membrœidæ* ...	1
5e	—	*Centrotidæ* ...	1
6e	—	*Ulopidæ*......	2
7e	—	*Cercopidæ*.....	8
8e	—	*Tettigonidæ*. ..	48
9e	—	*Aphididæ*.....	33
10e	—	*Coccidæ*.	24
		Total.....	132

Metz, Imp. J. Verronnais.

ALBUM

DES ENVIRONS DE METZ

GRAVURES A L'EAU FORTE PAR M. AD. BELLEVOYE.

Cette Collection paraît tous les six mois, par cahiers composés de 4 gravures imprimées sur beau papier colombier, au prix de 6 fr. par cahier sur papier blanc, et 8 fr. sur papier de Chine

Sont déjà parus.

1er CAHIER.

1. **Église de Rozérieulles.**
2. — **de Sainte-Ruffine.**
3. — **de Chazelles.**
4. — **de Vaux.**

2e CAHIER.

5. **Église d'Ancy-sur-Moselle.**
6. **Église et ruines de Châtel-saint-Germain.**
7. **Arches de Jouy**, ruines romaines.
8. **Vue du Château de Preny.**

3e CAHIER.

9. **Église & Château de Moulins-lès-Metz.**
10. **Église de Plappeville.**
11. — **du Sablon.**
12. — **de Woippy.**

Pour paraître à la suite.

4e CAHIER.

13. **Église de Lessy.**
14. — **de Lorry.**
15. — **de Fèves.**
16. — **de Norroy-le-Veneur**

5e CAHIER.

17. **Vue de Longeville et Scy.**
18. **Vue d'Ars-sur-Moselle.**
19. — **de Magny.**
20. **Église de Rémilly.**

6e CAHIER.

21. **Château de Vry.**
22. — **de Ste-Barbe.**
23. — **de Gorze.**
24. **Église de Jussy.**

Metz, Imp. J. Verronnais.

www.ingramcontent.com/pod-product-compliance
Ingram Content Group UK Ltd.
Pitfield, Milton Keynes, MK11 3LW, UK
UKHW021036180726
13838UKWH00004B/1841